매일매일 읽고 기록하는

책이랑

#독서기록장 #독서달력 #독후활동 #독서놀이

초등학교 학년 반 번 이름

책, 왜 읽어야 할까?

초성을 보면서 빈칸을 채우고, 5번에는 자신의 생각을 적어 보세요.

1. [ㅈ] [ㅈ] [ㄹ] 을 길러요.

2. 삶의 [ㅈ] [ㅎ] 를 길러요.

3. [ㅅ] [ㄱ] 하고 [ㅍ] [ㄷ] 하는 힘을 길러요.

4. 글을 읽고 해석하는 [ㅁ] [ㅎ] [ㄹ] 을 길러요.

5. 나의 생각 : ______________________________.

책, 어떻게 고를까?

초성을 보면서 빈칸을 채우고, 5번에는 자신의 생각을 적어 보세요.

1. [ㅍ] [ㅈ] 와 [ㅈ] [ㅁ] 을 보고 관심이 가는 책을 골라요.

2. [ㅊ] [ㄹ] 를 보고 책을 골라요.

3. 내가 좋아하는 것과 관련된 책을 골라요.

4. 내가 재미있게 읽었던 [ㅈ] [ㄱ] 의 책을 골라요.

5. 나의 생각 : ______________________________.

답 : 집중력, 지혜, 생각, 판단, 문해력, 표지, 제목, 차례, 작가

책을 매일 읽어요
(독서 달력)

날짜	①
	②
	③

① 자신이 읽은 책 제목 쓰기
- 제목이 길면 핵심 단어만 써요.
- 어제와 같은 책을 읽었을 때는 제목 대신 ♡를 그려 넣어요.

② 자신이 읽은 책의 쪽수와 시간을 써요.

③ 작성한 것을 옆 친구(가족)와 서로 확인 후 서명을 받아요.

	1	2	3			6
7	8	9	10			
14	15	16	17			
21	22	23	24	25	26	
28	29	30	31			

책을 매일 읽어요

1월 독서 달력

구분	월		화		수	
제목	1	심청전	2	♡		
쪽(분)	3~10쪽 (15분)		11~30쪽 (20분)			
확인	송성근		송			
제목						
쪽(분)						
확인						
제목						
쪽(분)						
확인						
제목						
쪽(분)						
확인						
제목						
쪽(분)						
확인						

한 달간 읽은 책은? 권 | 확인

목	금	토	일

책을 매일 읽어요

2월 독서 달력

구분	월	화	수
제목			
쪽(분)			
확인			
제목			
쪽(분)			
확인			
제목			
쪽(분)			
확인			
제목			
쪽(분)			
확인			
제목			
쪽(분)			
확인			

한 달간 읽은 책은? 권 | 확인

목	금	토	일

책을 매일 읽어요

3월 독서 달력

구분	월	화	수
제목			
쪽(분)			
확인			
제목			
쪽(분)			
확인			
제목			
쪽(분)			
확인			
제목			
쪽(분)			
확인			
제목			
쪽(분)			
확인			

한 달간 읽은 책은? 권 | 확인

목	금	토	일

책을 매일 읽어요

4월 독서 달력

구분	월	화	수
제목			
쪽(분)			
확인			
제목			
쪽(분)			
확인			
제목			
쪽(분)			
확인			
제목			
쪽(분)			
확인			
제목			
쪽(분)			
확인			

한 달간 읽은 책은? 권 | 확인

목	금	토	일

5월 독서 달력 

구분	월	화	수
제목			
쪽(분)			
확인			
제목			
쪽(분)			
확인			
제목			
쪽(분)			
확인			
제목			
쪽(분)			
확인			
제목			
쪽(분)			
확인			

한 달간 읽은 책은? 권 | 확인

목	금	토	일

6월 독서 달력

구분	월	화	수
제목			
쪽(분)			
확인			
제목			
쪽(분)			
확인			
제목			
쪽(분)			
확인			
제목			
쪽(분)			
확인			
제목			
쪽(분)			
확인			

한 달간 읽은 책은? 권 | 확인

목	금	토	일

책을 매일 읽어요

7월 독서 달력

구분	월	화	수
제목			
쪽(분)			
확인			
제목			
쪽(분)			
확인			
제목			
쪽(분)			
확인			
제목			
쪽(분)			
확인			
제목			
쪽(분)			
확인			

한 달간 읽은 책은?	권	확인	

목	금	토	일

책을 매일 읽어요

8월 독서 달력

구분	월		화		수	
제목						
쪽(분)						
확인						
제목						
쪽(분)						
확인						
제목						
쪽(분)						
확인						
제목						
쪽(분)						
확인						
제목						
쪽(분)						
확인						

한 달간 읽은 책은?	권	확인	

목	금	토	일

책을 매일 읽어요

9월 독서 달력

구분	월	화	수
제목			
쪽(분)			
확인			
제목			
쪽(분)			
확인			
제목			
쪽(분)			
확인			
제목			
쪽(분)			
확인			
제목			
쪽(분)			
확인			

한 달간 읽은 책은? 권 | 확인

목	금	토	일

책을 매일 읽어요

10월 독서 달력

구분	월		화		수	
제목						
쪽(분)						
확인						
제목						
쪽(분)						
확인						
제목						
쪽(분)						
확인						
제목						
쪽(분)						
확인						
제목						
쪽(분)						
확인						

한 달간 읽은 책은? 권 | 확인

목	금	토	일

책을 매일 읽어요

11월 독서 달력

구분	월	화	수
제목			
쪽(분)			
확인			
제목			
쪽(분)			
확인			
제목			
쪽(분)			
확인			
제목			
쪽(분)			
확인			
제목			
쪽(분)			
확인			

한 달간 읽은 책은? 권 | 확인

목	금	토	일

책을 매일 읽어요

12월 독서 달력

구분	월	화	수
제목			
쪽(분)			
확인			
제목			
쪽(분)			
확인			
제목			
쪽(분)			
확인			
제목			
쪽(분)			
확인			
제목			
쪽(분)			
확인			

한 달간 읽은 책은?	권	확인	

목	금	토	일

독후 활동 ①

어휘력 쑥쑥

날짜 : 월 일

확인

책 제목			
지은이		책 별점	☆☆☆☆☆

책을 읽으면서 어려웠던 단어의 뜻을 사전에서 찾아 쓰고 문장을 만들어 보세요.

단어	뜻 / 문장
(예시) 수집	뜻 : 취미나 연구를 위하여 여러 가지 물건이나 재료를 찾아 모음. 또는 그 물건이나 재료. 문장 : 나의 취미는 옛날 동전 수집이다.
	뜻 : 문장 :
	뜻 : 문장 :
	뜻 : 문장 :
	뜻 : 문장 :

독후 활동 ②

날짜 : 월 일

베스트셀러 만들기

확인

책 제목			
지은이		책 별점	☆☆☆☆☆

내가 재미있게 읽은 책을 우리 반 베스트셀러로 만들어 보세요. 친구들의 관심이나 궁금증을 끌 수 있는 그림과 추천하는 한마디를 적어 보세요.

책 그림

추천하는 한마디

(예시) 초등학교 5학년이 꼭 읽어야 할 인생 책! 성근이가 가장 사랑한 책, 코뿔소 노든과 이름 없는 아기 펭귄의 눈물겨운 모험 이야기. 지금 바로 그 감동의 물결에 풍덩 빠져 보세요.

책 이 랑을 마치며

우리의 '책이랑' 규칙을 잘 지켰나요? 스스로 평가해 보세요.

		자기평가
책	책을 매일 읽어요.	♡♡♡
이	이야기가 주는 즐거움을 느껴요.	♡♡♡
랑	책이랑 친해져요.	♡♡♡

나에게 주는 상

_______________ 상

이름 _______________

위 학생은 ______________________________

____

____

하여 이 상장을 수여합니다.

년 월 일

( )학교 ( )학년 ( )반

현직 초등 선생님들이 만들었어요!
선생님 도움 필요 없는 학생 자율 노트

글이랑 노트 (문해력 & 주제 글쓰기)
#교과_어휘 #주제_글쓰기 #맞춤법+속담

책이랑 (독서 달력 + 독후 활동)
#매일기록 #독서놀이+활동

매일 읽고 자신의 생각을 적는 한 줄 독후감 1~2 학년용

매일 읽고 자신의 생각을 적는 한 줄 독후감 3~6 학년용

수랑 노트 (아침 수학)
#아침_수학 #친절한_수학 #학생_자율

한 줄 독후감 (독서 통장)
#100권_도전 #생각적기

가로 15칸 × 세로 10칸 한글 쓰기
#받아쓰기 #한글쓰기

안전 지킴이 알림장
#96개_안전 #글씨점수

인생 노트
#기본생활습관

'책이랑이란?'

책 책을 매일 읽어요.

이 이야기가 주는 즐거움을 느껴요.

랑 책이랑 친해져요.

한 권으로 정리하는 독서기록장!

현직 초등학교 선생님들이 만들었어요!

쏭쌤교육연구소
ssong ssam edu

어린이제품 안전 특별법에 의한 표시사항

- 모델명 : 바른 인성 습관 365 • 제조년월 : 2024년 10월 17일
- 제조자명 : (주)시간팩토리 • 주소 및 전화번호 : 서울특별시 양천구 목동로 173 우양빌딩 3층 / 02-720-9696
- 제조국명 : 대한민국 • 사용연령 : 5세 이상 어린이 제품

※ 주의사항 • 종이에 베이거나 긁히지 않도록 조심하세요. • 종이 모서리가 날카로우니 던지거나 떨어뜨리지 마세요.

※ KC마크는 이 제품이 공동안전기준에 적합하였음을 의미합니다.

ISBN 979-11-983831-9-8 10590
값 22,000원